昆虫日记

爱动脑筋的蚊子

儿童情感体验与情商启蒙故事

张 洋 著

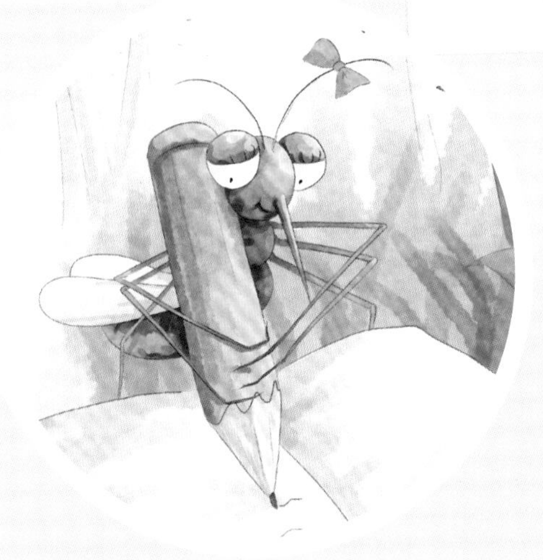

化学工业出版社
·北京·

图书在版编目（CIP）数据

爱动脑筋的蚊子 / 张洋著. —北京 ：化学工业出版社，2019.7
（昆虫日记）
ISBN 978-7-122-34268-3

Ⅰ. ①爱… Ⅱ. ①张… Ⅲ. ①蚊-儿童读物 Ⅳ. ①Q969.44-49

中国版本图书馆CIP数据核字（2019）第061976号

责任编辑：旷英姿　　装帧设计：大　恒
责任校对：王　静

出版发行：化学工业出版社(北京市东城区青年湖南街13号　邮政编码100011）
印　　装：北京尚唐印刷包装有限公司
710mm×1000mm　1/16　印张3　字数40千字　2019年7月北京第1版第1次印刷

购书咨询：010-64518888　　售后服务：010-64518899
网　　址：http://www.cip.com.cn
凡购买本书，如有缺损质量问题，本社销售中心负责调换。

定　　价：20.00元　

我是小佳，我想做一只不被人讨厌的蚊子。

我的爱臭美的姐姐。

飞行老师的香水把整个教室都弄香了。

这是我昨天看见的那个小孩的妈妈。是不是只要是女的，都这么爱臭美？

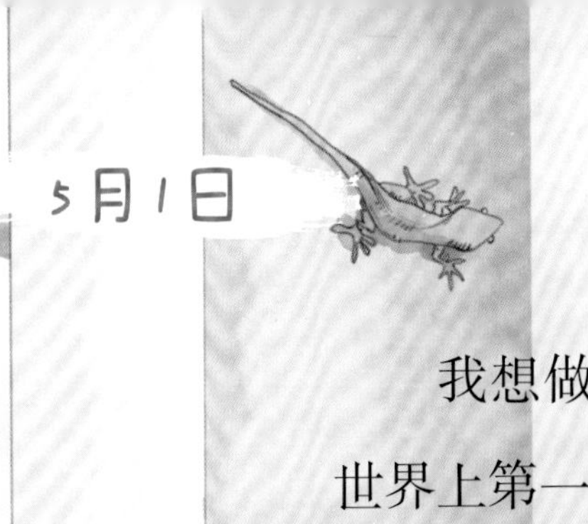

我想做一只被人养的宠物，这样，我就是世界上第一只不被人讨厌的蚊子了。

妈妈说，很明显这是一个美丽的梦。

5月2日

今天，我带哥哥来到一个地方，那里有一个摇摇车，车里躺着一个白白胖胖的小男孩。不过，我忘记了一件事情，哥哥是不吸血的，他只吃花蜜和植物汁液。

我们的美味来了！
我觉得恶心！
你怎么不吃啊？

5月3日

我可怜的哥哥——他只能活20天，而我可以活100天。每当想到这里，我就会难过。

几乎每天都有哥哥姐姐离开我，我要坚强一点。

什么声音?
呜～呜～

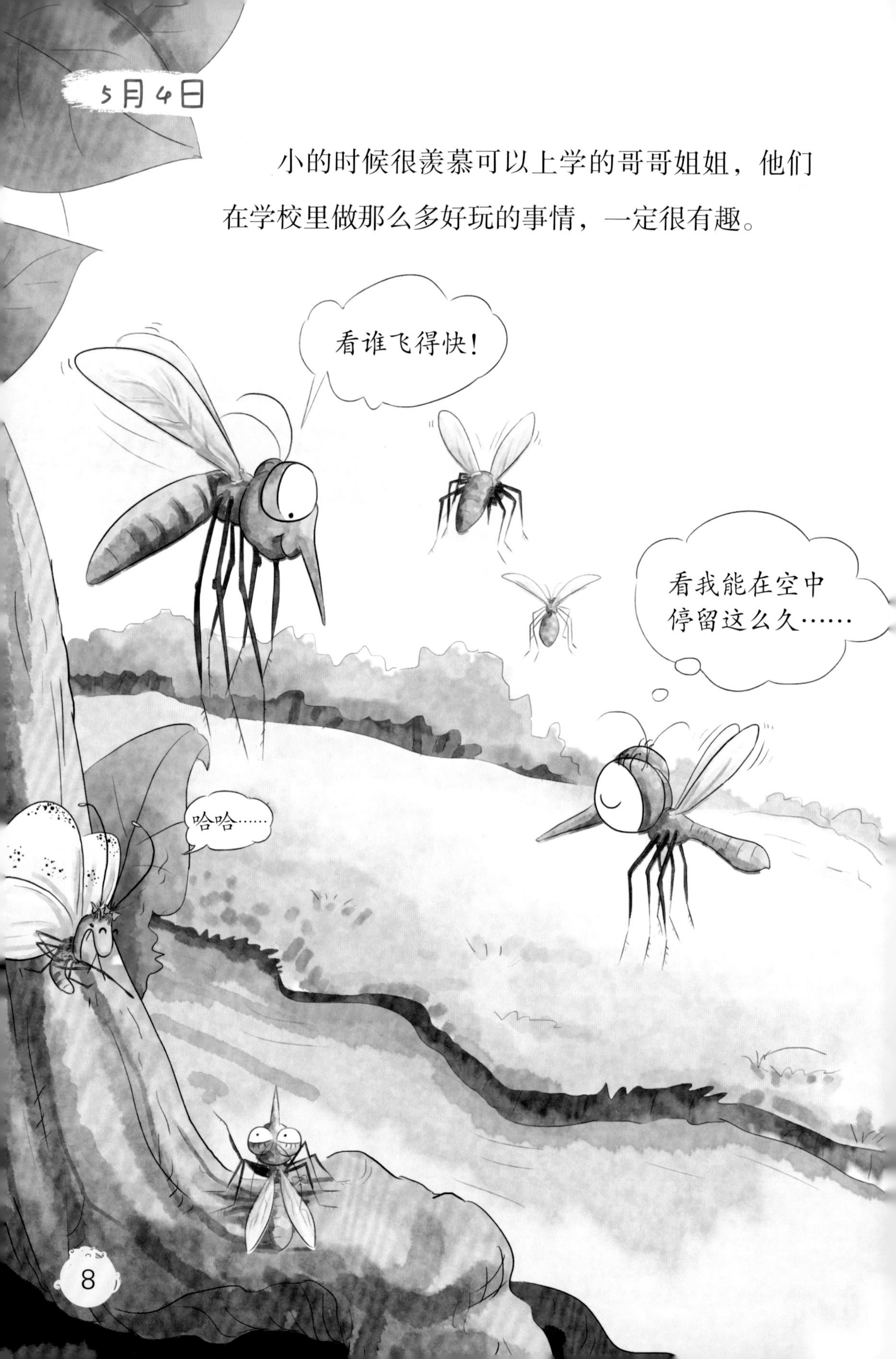
5月4日
小的时候很羡慕可以上学的哥哥姐姐，他们在学校里做那么多好玩的事情，一定很有趣。
看谁飞得快！
看我能在空中停留这么久……
哈哈……

现在我也要上学了，却开始讨厌上学。早上起床的时候真痛苦。哥哥姐姐们刚开始上学时是不是也这样？

5月5日

听城里的同伴讲，城里很少有清澈的水。真是同情他们，我可不想每天被臭水熏。

这是什么
地方？
多美的风景啊！

5月6日

爱出汗又不爱洗澡的人，身上汗淋淋的，味道很好，我很喜欢叮这样的人。

这小孩怎么还不睡?
奥特曼来了……

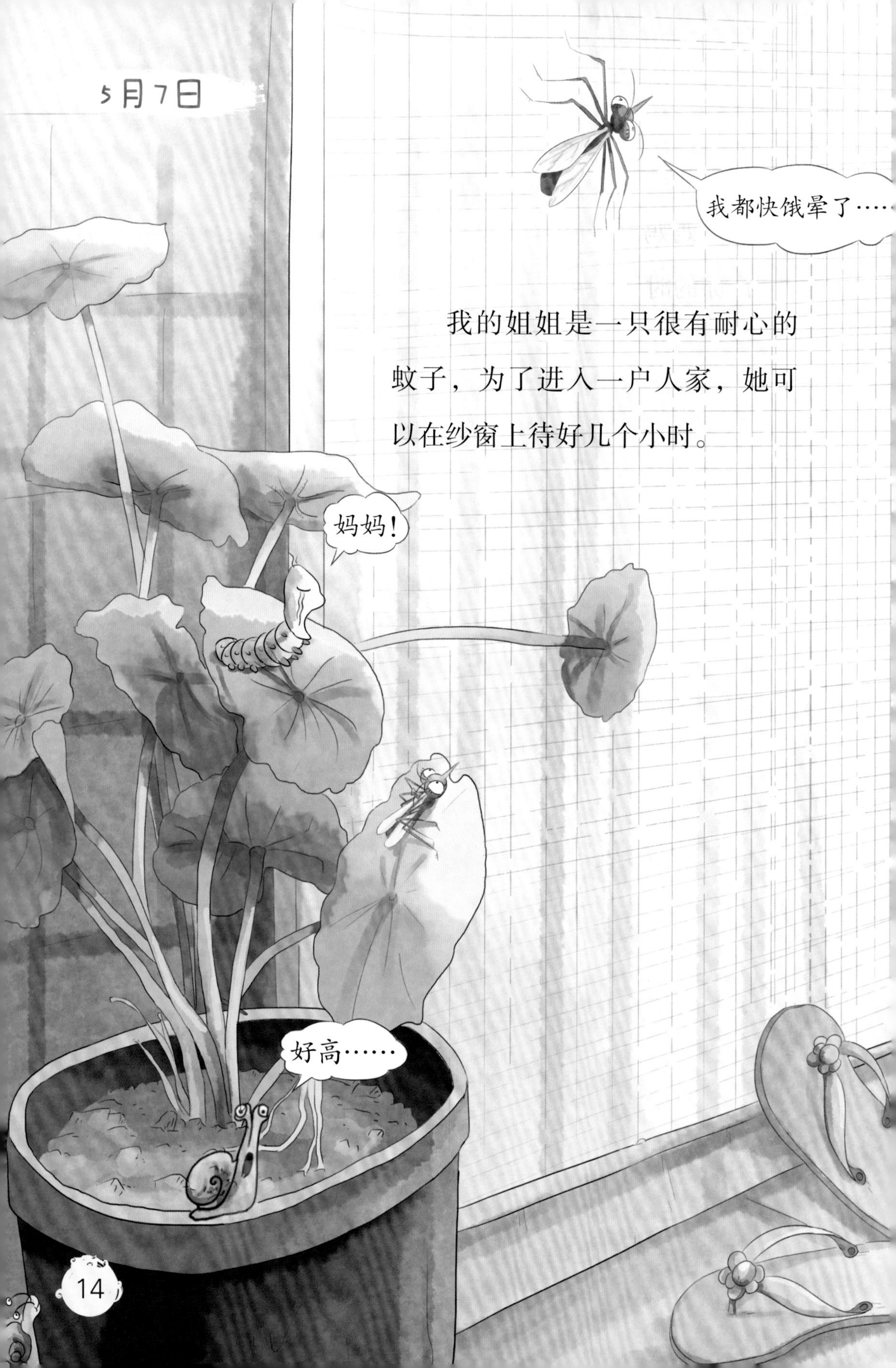

我的姐姐是一只很有耐心的蚊子，为了进入一户人家，她可以在纱窗上待好几个小时。

妈妈说我应该向姐姐学习。也许等我要产卵的时候，也会有这样的毅力吧。

5月8日

今天跟苍蝇比赛飞行，我又输了。没办法，毕竟苍蝇的翅膀比我的大。

不过没关系，我游泳比苍蝇快，看到我得游泳冠军的照片了吧？

如果一个人，不对，是一只蚊子，在刚出生的时候就到了水里，那么他也会是游泳健将——跟我一样。

5月9日

从一个圆圆的卵到成虫，这中间要经过18天，也就是说，这18天我都生活在水里。

后来我的翅膀变硬了，我就开始在低低的空中飞行。我还是比较喜欢在空中飞的感觉，太棒了！

哈哈……
哎哟，疼死了！

5月10日

黄昏的时候，地面上的热空气往上升，这个时候我不需要太用力就能飞得很高。每天我最期待的就是这个时候了！不过也因为蚊子太多了，经常会撞车呢。

当然，我们可不能迎着电风扇里的风飞进去，我的哥哥姐姐就有被电风扇打死的。运气真是太差了！

5月11日

妈妈把卵产在窗台上的一个大盆里，那个盆里装着水。

结果那些卵全部死掉了，因为盆里的水是肥皂和洗衣粉的溶液。

妈妈难过得围着大盆转了很多圈。

现在，我只要看见相似的盆，就会吐唾沫。我想我大概生病了。

壁虎每天都趴在墙上，蜘蛛网是会发光的，我都可以避开他们。

壁虎和蜘蛛的网，是妈妈和老师一再嘱咐我们要远离的东西。可是我觉得他们都不如电蚊拍可怕。
太可怕了！
电蚊拍不知道什么时候就挥过来了，只要碰上，闪出一道火花，我就没了。
这是全世界最可怕的武器！

5月13日

其实我并不是一只坏蚊子，我也不想吸食人的血，可是我们雌性蚊子不吸血的话就没办法产卵啊。

我希望人类可以理解我们，不过这可能又是一个美梦。

5月14日
姐姐一直都觉得
她是蚊子界的美女。

她很喜欢照镜子，有时候飞过池塘还会对着池水整理衣服。

她喜欢在她的翅膀上撒一些亮晶晶的香粉。

5月15日

今天，我也学姐姐往翅膀上撒香粉，结果撒多了，一头栽到了水里。

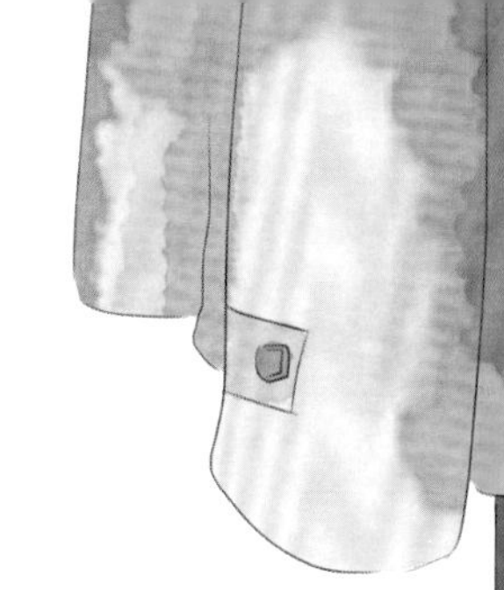

我就是好奇，我还学人类的样子穿过高跟鞋，结果也飞不起来。

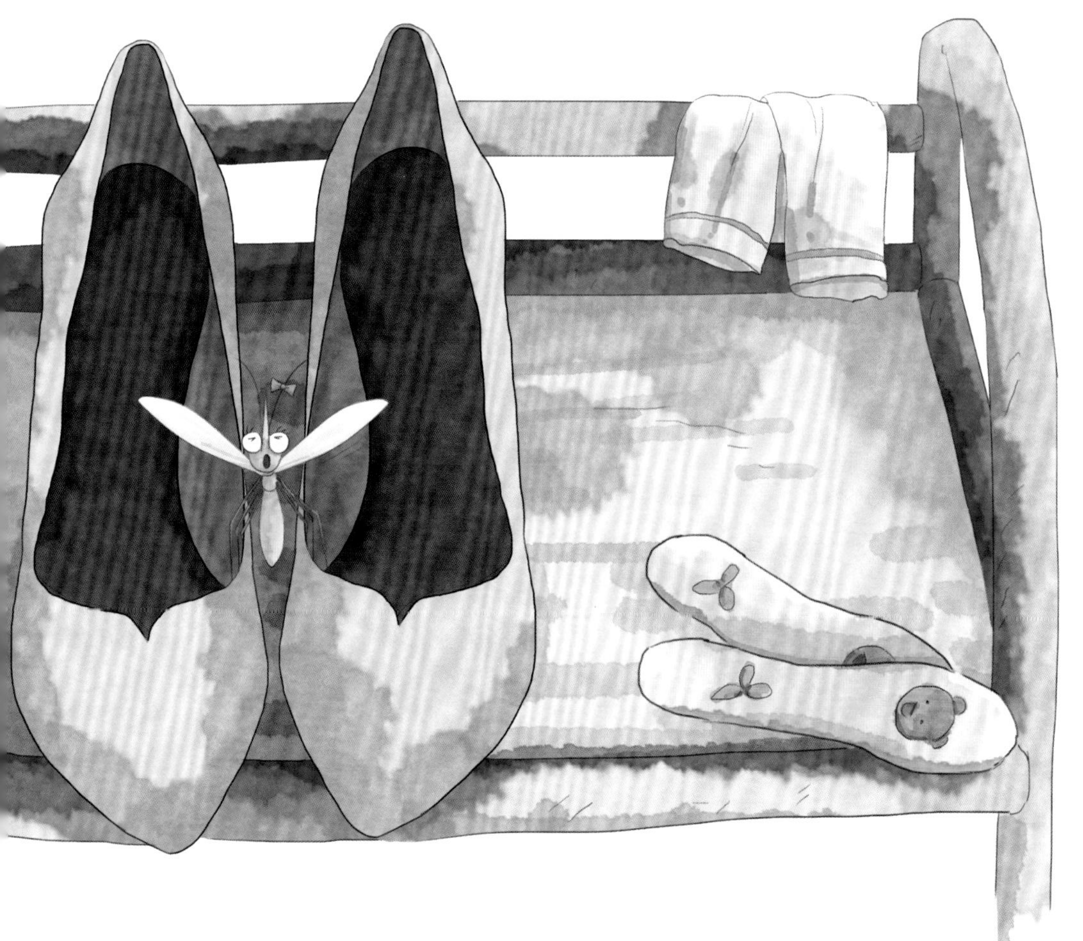

看来我还要好好修炼才行。

5月16日

如果没有了蚊子，人类该少掉多少乐趣呀！他们就不能举着苍蝇拍睁大眼睛到处找我们了。

我们都喜欢躲在哪些地方呢？这可是秘密……

嗡
嗡
跟你玩个捉
迷藏吧！
嘘
嘘

5月17日

今天的体育课我们练习穿越蜘蛛网，结果我太困了，被蜘蛛网粘住了。老师让我在上面粘了一节课的时间。老师说如果真的粘到蜘蛛网上，我的小命就没了。我们都怕蜘蛛，那么蜘蛛会怕什么呢？真想知道……

5月18日

我经常会考虑一个问题，如果我的吸管被人打了个结，那该怎么办呢？

姐姐嘲笑我，说我胡思乱想，人是不会有耐心来给我的吸管打结的，他们会直接拍死我。

可我就是爱动脑筋啊。

5月19日

听说人类在研究一种新的技术，想把蚊子改造成不吸血的蚊子。我非常乐意配合，谁想当一只天天被人追着打的蚊子呢？

那个时候，也许我还可以和人类的小孩玩，也许我真的会被人类当宠物养呢！那我的美梦就实现了。

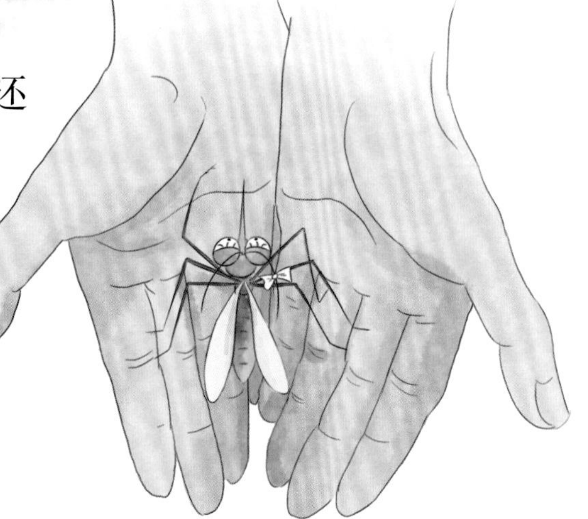

5月20日

为什么我每次写日记，都有被偷看的感觉呢？偷看日记是不礼貌的哦！

5月21日

接受熏蚊香训练，也是我们上课内容的一部分。我老是被熏得掉到地上去。

老师说，就是要经常训练，才能不被熏死。这可能和人类打预防针差不多吧。

5月22日

我今天很累，又被蚊香熏了。

体育课还练习了100米飞行。

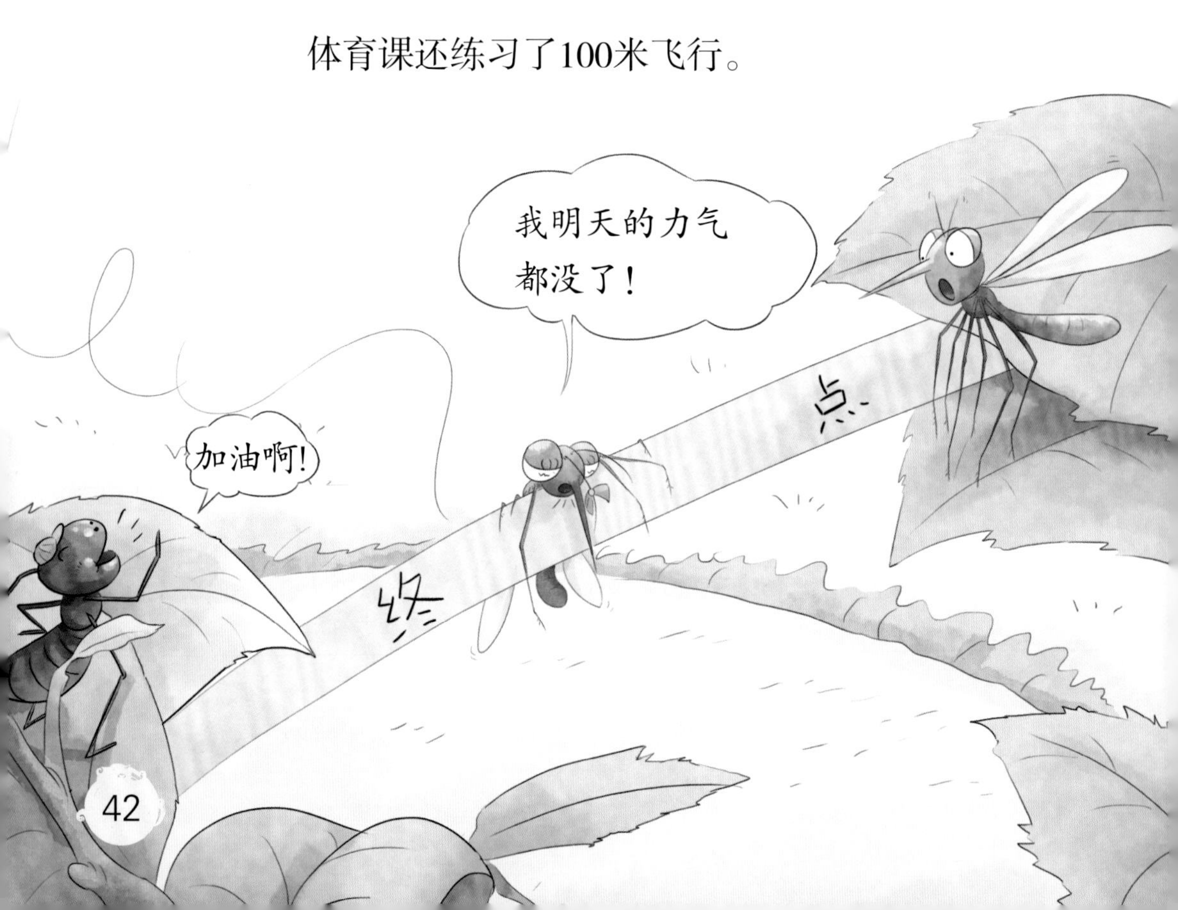

回家后还做了家庭作业——用我的吸管练习插入植物茎部。

我今天全部的力气，包括明天的力气都用完了 。

5月23日

我找到了一张小时候刚刚生出来不久的照片，是一个圆圆的卵，漂在水面上。

想不到吧，这个小小的卵孵化后成长起来的家伙，现在会这么美。

不过，妈妈怎么知道那个卵就是我，而不是我的哥哥姐姐呢？

作者介绍

张洋，18年少儿出版策划和创作经历，一个富有童心的人。

主要作品：儿童科普日记《戴耳环的猪》《枫叶喝醉了》；校园家庭生活日记《受委屈的猪》《爸爸长辫子了》《孙悟空的成长日记》（六小龄童先生的自传）；安全教育丛书《玩具家族历险记》系列。其中《戴耳环的猪》《枫叶喝醉了》2004年已销往台湾地区，并荣获台北市立图书馆“好书大家读”奖。